BEI GRIN MACHT SICH IHR WISSEN BEZAHLT

- Wir veröffentlichen Ihre Hausarbeit, Bachelor- und Masterarbeit

- Ihr eigenes eBook und Buch - weltweit in allen wichtigen Shops

- Verdienen Sie an jedem Verkauf

Jetzt bei www.GRIN.com hochladen und kostenlos publizieren

Ute Fehnker

Didaktischer Rahmen - Genuss mit Zukunft

Orientierungspunkte für eine zukunftsfähige Ernährungsbildung

GRIN Verlag

Bibliografische Information der Deutschen Nationalbibliothek:

Die Deutsche Bibliothek verzeichnet diese Publikation in der Deutschen National-
bibliografie; detaillierte bibliografische Daten sind im Internet über http://dnb.d-
nb.de/ abrufbar.

Impressum:

Copyright © 2010 GRIN Verlag GmbH
Druck und Bindung: Books on Demand GmbH, Norderstedt Germany
ISBN: 978-3-640-72834-3

Dieses Buch bei GRIN:

http://www.grin.com/de/e-book/157632/didaktischer-rahmen-genuss-mit-zukunft

GRIN - Your knowledge has value

Der GRIN Verlag publiziert seit 1998 wissenschaftliche Arbeiten von Studenten, Hochschullehrern und anderen Akademikern als eBook und gedrucktes Buch. Die Verlagswebsite www.grin.com ist die ideale Plattform zur Veröffentlichung von Hausarbeiten, Abschlussarbeiten, wissenschaftlichen Aufsätzen, Dissertationen und Fachbüchern.

Besuchen Sie uns im Internet:

http://www.grin.com/

http://www.facebook.com/grincom

http://www.twitter.com/grin_com

Didaktischer Rahmen

Genuss mit Zukunft
Orientierungspunkte für eine zukunftsfähige Ernährungsbildung

....

Inhalt

- Der Hintergrund: Bildung für eine nachhaltige Entwicklung
- Eine Herausforderung für den Unterricht
- Orientierungen für Bildungsprozesse
- Ein Rahmen für die Entwicklung von Unterrichtsvorhaben zum Thema Ernährung
  Ziele zukunftsfähiger Ernährung
  Ein Modell zur Konzeption von Unterrichtsvorhaben
- Literatur und Internetquellen

....

Der Hintergrund: Bildung für eine nachhaltige Entwicklung

Die Vermittlung von zukunftsweisenden Qualifikationen für ein verantwortungsvolles und mitgestaltendes Leben in der komplexen Welt gehört spätestens seit dem Erscheinen der Agenda 21[1] im Jahr 1992 zum Bildungsangebot in den Schulen. „Bildung für nachhaltige Entwicklung" ist der Schlüsselbegriff, der sich aus den in diesem Dokument verabschiedeten Anforderungen ergibt. Die traditionellen Bereiche der Umwelt- und Entwicklungsbildung werden miteinander verknüpft, so dass gleichermaßen globale Umweltgesichtspunkte, ökonomische, soziale und kulturelle Aspekte in tragfähiger Weise einbezogen werden.

Zukunftsfragen finden nicht als neues Unterrichtsfach, sondern als durchgängige Aufgabe Berücksichtigung in der Schule. Fächerverbindender Unterricht, entdeckendes und handelndes Lernen in und außerhalb der Schule, das Einbeziehen vielfältiger Kooperationspartnerschaften oder das Aufdecken von Beziehungen vor Ort und globalen Geschehnissen sind dabei wesentliche Elemente. Die nachhaltige oder auch zukunftsfähige Entwicklung formuliert aber nicht nur Ansprüche an das traditionelle Bildungssystem, sondern stellt eine Verpflichtung auf allen Ebenen unserer Gesellschaft und Kultur dar. Zukunftsfähige Entwicklung bedeutet u. a. die Suche nach Wegen, Chancen und Möglichkeiten eines Lebensstils, der auf Dauerhaftigkeit, d. h. auf die Sicherung der Lebensgrundlagen der gegenwärtig lebenden Menschen und zukünftiger Generationen ausgerichtet ist. Konflikte und Auseinandersetzungen zwischen kurzfristigen (individuellen) Interessen und langfristigen Entwicklungsperspektiven, zwischen regionalen Entscheidungen und globalen Erforderlichkeiten sind angelegt. Zentrum des Handelns und Agierens ist die Region / das Umfeld, das zum einen das Erleben bestimmt und zum anderen Ansatzpunkte der kleinschrittigen Beeinflussung und Veränderung bietet. Eine wesentliche Aufgabe einer Bildung für nachhaltige Entwicklung besteht darin, für diese Möglichkeiten, Chancen und Notwendigkeiten einer zukunftsfähigen Entwicklung in alltäglichen Bereichen zu sensibilisieren und bestehende Interessenkonflikte konstruktiv zu gestalten. Die Entwicklung dieser ***Gestaltungskompetenz*** steht im Fokus der didaktischen Bemühungen.

---

[1] Bundesministerium für Umwelt, Naturschutz und Reaktorsicherheit: Konferenz der Vereinten Nationen für Umwelt und Entwicklung im Juni 1992 in Rio de Janeiro - Agenda 21, Bonn 1992

„Gestaltungskompetenz" – eine generelle Zielsetzung der Bildung für zukunftsfähige Entwicklung

„Mit Gestaltungskompetenz wird das nach vorne weisende Vermögen bezeichnet, die Zukunft von Sozietäten, in denen man lebt, in aktiver Teilhabe im Sinne nachhaltiger Entwicklung zu modifizieren und modellieren zu können. Der Terminus „Gestaltungskompetenz" versteht sich nicht von selbst. Wir möchten ihn hier dezidiert im Kontext der Bildung für nachhaltige Entwicklung einführen, um zu signalisieren, dass es sich bei der nachhaltigen Entwicklung um ein Modernisierungskonzept handelt, um ein Konzept also, das auf Veränderungen abstellt, ohne dass dies immer nur eine Reaktion auf vorher schon erzeugte Problemlagen wäre. Nachhaltige Entwicklung bedeutet nicht Stabilisieren oder Zurückschrauben des Status quo, sondern signalisiert einen komplexen, gesellschaftlichen Gestaltungsauftrag, in dem sich globale und lokale Dimensionen der Zukunftsgestaltung verbinden. Dabei werden den Bürgern erhebliche Fähigkeiten (z.b. vorausschauendes Planen, eigenständige Informationsaneignung und -bewertung sowie neue Anforderungen in Bezug auf Kommunikation und Kooperation) bei der Beteiligung an Verständigungs- und Entscheidungsprozessen abverlangt. Die Gesamtheit dieser Fähigkeiten lässt sich mit dem Begriff Gestaltungskompetenz zusammenfassen. Für die Schule bedeutet das hohe Anforderungen, die sich in besonderem Maße im methodischen Bereich stellen."

....

Quelle: *BLK: Bildung für eine nachhaltige Entwicklung, Orientierungsrahmen, 1998, S. 28 ff.*

Mit der Zielsetzung Gestaltungskompetenz rücken eine offene Zukunft mit variablen Möglichkeiten und die aktive Mitgestaltung in den Mittelpunkt der Bildungsprozesse. Dazu gehört auch auf die Fähigkeit, die zukünftigen Lebenssituationen in Kooperation mit anderen modellieren zu können und sich dabei von ethisch-moralischen Wertvorstellungen leiten zu lassen.

Eine Herausforderung für den Unterricht

Zukunftsfähige Entwicklung und darauf bezogene Bildungsprozesse haben vor allem dort Chancen auf Verbreitung, wo sie Institutionen und Personen nicht vor neue zusätzliche Aufgaben stellen. So ist ein Anschluss an bestehende Unterrichtsthemen ist z. B. über die Einbeziehung erweiterter Perspektiven oder auch über eine veränderte Richtung der Behandlung möglich; Problemstellungen müssen eventuell verschoben werden. Die Dynamik von Wissenschaft, Wirtschaft, Technik, Kultur und Gesellschaft erfordert ohnehin eine permanente Weiterentwicklung von Bildungszielen, -inhalten und –prozessen. Dies trifft insbesondere auf einen Unterricht zu, der die Ansprüche aufnimmt, die Bildung für nachhaltige Entwicklung stellt. Im gewohnten, vielleicht bisher bewährten Organisationsrahmen dürfte kaum eine reale Chance bestehen, die geforderten Intentionen durchzusetzen. Unterricht, der auf die Entwicklung von Gestaltungskompetenz ausgerichtet ist, muss sich mit Lebensbereichen und -situationen auseinandersetzen, die eine aktive Mitgestaltung erlauben und fordern. Diese Voraussetzung ist bei der Frage nach unserer Ernährung gegeben wie bei kaum einem anderen Themenbereich. Zu berücksichtigen ist, dass im Ernährungsbereich neben den drei Dimensionen einer nachhaltigen Entwicklung (soziale, ökonomische und ökologische Aspekte) auch gesundheitliche Aspekte einbezogen werden müssen, denn eine Ernährungsweise kann nur dann zukunftsfähig sein, wenn sie den Menschen einen hohen Grad an Gesundheit und Lebensqualität ermöglicht.

Es wird deutlich, dass es nicht primär um die unmittelbare Vermittlung eines veränderten Verhaltens, der Erfüllung vorgegebener gesellschaftlicher Normen oder um moralische Appelle geht. Gestaltungskompetenz beschreibt stattdessen als Zielsetzung die Fähigkeiten zur eigenständigen Urteilsbildung verbunden mit der Eignung, in Kooperation mit anderen im Kontext zukunftsfähiger Entwicklung innovativ handeln zu können, verbal wie instrumental.

Die globale Krise ist weder allein auf der politischen noch auf der technischen Ebene lösbar, sondern wesentliche Schritte können nur dann vollzogen werden, wenn sich auch das Alltagshandeln der Menschen ändert. Die Konsum-, Lebens- und Ernährungsweisen der westlichen Industrieländer können nicht als Entwicklungsleitbild für die weniger entwickelten Länder dienen. Es gilt, die Lebenspraxen und Ernährungsstile von Menschen mit dem Ziel der Zukunftsfähigkeit in Übereinstimmung zu bringen.

Orientierungen für Bildungsprozesse

Bildung für nachhaltige Entwicklung steht für einen Lernprozess, der unser Fühlen, Denken, Handeln und unsere Entscheidungs- und Beurteilungsfähigkeit vor dem Hintergrund der globalen Verflechtungen in den Mittelpunkt stellt. Es gilt, die wechselseitigen Zusammenhänge unseres Ernährungsverhaltens mit globalen Prozessen in das Bewusstsein zu rücken und letztlich in vielen individuellen Bereichen die Akzeptanz von Handlungsalternativen zu fördern. Dabei ist -ausgehend von Wahrnehmungen und Handlungen im eigenen Erfahrungsraum- schrittweise die Perspektive zu erweitern. Bis hin zu einer Weltsicht, die durch die Reflexion der zugrunde liegenden Wertvorstellungen und Leitbilder gekennzeichnet ist. Ebenso ist bei diesem Schwerpunkt ein Blick nach innen erforderlich: Unsere Ernährungsentscheidungen sind hinsichtlich ihrer gesundheitsbezogenen Wirkungen zu reflektieren.

Für die Gestaltung zukunftsorientierter Lehr- und Lernprozesse gelten die folgenden Prinzipien:
- Das Denken in Zusammenhängen und die Bearbeitung schülernaher Ernährungsfragen.
  In altersangemessener Form sollte versucht werden, komplexe alltägliche Ernährungsfragen unterrichtlich zu bearbeiten. Erforderlich ist eine integrative Vorgehensweise, die die verschiedenen interdisziplinären (umwelt-, entwicklungs- und gesundheitsbezogenen) Zusammenhänge in ihrer Vielschichtigkeit und Vernetztheit erfasst und zu bearbeiten sucht. Zahlreiche unserer lokalen Handlungen rund um die Ernährung sind mit globalen, aber auch mit gesundheitsbezogenen Prozessen vernetzt. Der Umgang mit nicht vorhersehbaren Wirkungen, Wahrscheinlichkeiten und Risiken sollte thematisiert und geübt werden, wobei ebenso die Frage nach langfristigen Auswirkungen gestellt werden muss (Zukunftsperspektive).
- Die Entwicklung von Kompetenzen zur Verständigung und die Reflexion zugrunde liegender Werte.
  Interkulturelle und zwischenmenschliche Verständigung auf der Basis ethischer Wertvorstellungen ist ein wesentlicher Kernpunkt der Bildung für nachhaltige Entwicklung. Die Fähigkeit zur Verständigung, insbesondere bei Interessengegensätzen und Entscheidungskonflikten, ist wesentlich abhängig von der Sprachkompetenz, dem Vorhandensein und der Beherrschung einer entsprechenden medialen Ausstattung, aber auch von der jeweils kulturabhängigen Selbst- und Fremdwahrnehmung. Persönliche Motive, Interessen, Verhaltensmuster sowie Entscheidungen und Verständigungsbemühungen müssen im Rahmen des Unterrichts in einem dauerhaften Prozess vor dem Hintergrund der nachhaltigen Entwicklung in Frage gestellt werden. So kann ein konstruktiver und konsensfähiger Umgang mit gegensätzlichen Interessen und Zielen, Konflikten und Missverständnissen möglich werden.
- Der Aufbau von Kooperationen.
  Die Herausforderungen einer zukunftsfähigen Entwicklung sind ohne die Zusammenführung der Kompetenzen und Erfahrungen möglichst vieler Menschen nicht zu lösen. Im

Unterricht sollte die Bereitschaft zu lokalen und globalen Partnerschaften und interdisziplinärem Zusammenarbeiten wecken und den Aufbau solcher Kooperationsbeziehungen fördern.

- Gestaltung von Möglichkeiten und Situationen für praktische Handlungen und Partizipation.

Unsere alltäglichen Handlungs- und Entscheidungsbereiche mit Bezug zur Ernährung stellen den Ausgangspunkt für die Themenbearbeitung dar. Hier können Handlungsalternativen entwickelt und hinsichtlich ihrer Akzeptanz und Tragfähigkeit erprobt und in einem weiteren Schritt an andere (innerhalb oder auch außerhalb der Schule) vermittelt werden. Durch Partizipation soll die Bereitschaft und Fähigkeit gefördert werden, sich an der Gestaltung der individuellen Lebenswelt aktiv zu beteiligen, sich kompetent und verantwortlich auseinanderzusetzen, sich einzumischen und Möglichkeiten der Mitbestimmung wahrzunehmen.

- Entwicklung von Eigeninitiative und –verantwortung.

Bildung für nachhaltige Entwicklung beschreibt einen (lebenslangen) Lernprozess, der sich in allen Lebensphasen und in allen Alltags-, Arbeits- und Freizeitbezügen immer wieder neu stellen wird. Schulische Bildung kann sich vor diesem Hintergrund nicht auf die Vermittlung feststehender Kenntnisse und Methoden beschränken, sondern im Mittelpunkt muss die Initiierung und Förderung eines ergebnisoffenen, selbstorganisierten Lernprozesses stehen. Im Rahmen vereinbarter Ziele und Aufgaben planen die Schüler und Schülerinnen ihre Arbeiten selbst. Sie nutzen Hilfsquellen (vor allem auch außerhalb der Schule), ordnen ihre Ergebnisse kritisch ein, präsentieren sie und treten auch als Multiplikatoren auf. Irrtümer, Fehler und Schwächen sind in diesem Kontext anders zu gewichten: Sie sind eher ein Anreiz, auf anderen Wegen weiterzulernen. Der Prozess der Themenbearbeitung steht gegenüber dem Ergebnis im Vordergrund.

- Ganzheitliches Lernen.

Bildung für nachhaltige Entwicklung spricht neben den kognitiven Fähigkeiten insbesondere die sinnlichen und kreativen Wahrnehmungen und Erfahrungen an. Vielfältige und überraschende Zugangsmöglichkeiten sollten erprobt und kulturell oder biographisch vernachlässigte Wahrnehmungs- und Erfahrungswege aktiviert werden. Ganzheitliches Lernen kann Voraussetzungen vermitteln, die Diskrepanzen zwischen Kopf, Herz und Hand, durch die die Entscheidungen im Sinne einer nachhaltigen Entwicklung oftmals gekennzeichnet sind, erfahrbar zu machen und zu reflektieren.

Die beschriebenen Prinzipien erfordern innovative Lehr- und Lernformen, wie sie bereits an vielen Schulen in vielen Fachbereichen entwickelt, erprobt und z.T. in das Schulprogramm übergegangen sind. Bildungsangebote sollten so gestaltet sein, dass die einzelnen Schülerinnen und Schüler mit ihren individuellen Stärken, Interessen und Fähigkeiten wahrgenommen, angesprochen und gefordert werden können. Lernsituationen, die verschiedene inhaltliche Zugänge und (evtl. arbeitsteilige) Bearbeitungsweisen anbieten, sollten verstärkt in die Unterrichtspraxis integriert werden und die nach wie vor sinnvollen Phasen des Lehrgangslernens ergänzen. Es stehen ein breites Methodenrepertoire und auch eine Vielzahl aktueller Medien und Materialien zur Verfügung. Der Unterricht muss sich öffnen, um den formulierten Anspruch einlösen zu können. Er sollte sich nicht nur an der Wirklichkeit orientieren, sondern diese auch aufsuchen. Ebenso gilt es, enge Fachgrenzen zu überschreiten.

Die bisher beschriebenen Anforderungen, die Bildung für nachhaltige Entwicklung an die Gestaltung der Lernprozesse und auch an das Schulleben stellt, macht deutlich, dass eine „klassische" Lehrerrolle im Sinne eines Belehrers und Erziehers im Rahmen dieses Konzeptes weniger tragfähig ist. Die Forderung nach Mitbestimmung in kleinen wie in großen Dingen, das Trainieren von Kommunikationsfähigkeit, Toleranz gegenüber den Standpunkten der anderen zu üben, eigene Organisation und Verantwortung für die Lernprozesse, ein anderer Umgang mit Fehlern und Schwächen - diese und andere Kriterien erfordern eine anders gestaltete Rolle der Unterrichtenden. Die Berufsrolle muss im Rahmen der Bildung für nachhaltige Entwicklung durch andere Akzente und Schwerpunkte ergänzt werden. Dazu gehört ein Selbstverständnis als Moderator bzw. Moderatorin von Lernprozessen. Die Unterrichtenden kennen im Kontext der Agenda 21 die Wege zur Lösung der Probleme ebenso wenig wie die Lernenden. Auch sie sind gefordert, sich auf einen Suchprozess einzulassen. Sie können jedoch ihren Schülerinnen und Schülern entsprechende Lernwege aufzeigen, ihr Interesse wecken, ihre Fähigkeiten stärken und sie dabei unterstützen die Kompetenzen zu entfalten, die sie für eine aktive und verantwortungsbewusste Beteiligung an zukunftsorientierten Prozessen befähigen.

Bildung für nachhaltige Entwicklung bezieht sich jedoch nicht nur auf neue oder erweiterte Lerninhalte sowie auf veränderte Unterrichtsmethoden, sondern die Bildungsinstitutionen selber sollten das Leitbild einer zukunftsorientierten Entwicklung mit zunehmender Tendenz repräsentieren, wenn sie entsprechende Lernerfahrungen glaubwürdig eröffnen wollen. Für den Bereich der Ernährung bedeutet dies, dass sich z. B. das Angebot für die Schulverpflegung an entsprechenden Kriterien orientiert. Darüber hinaus wird die Entwicklung neuer Denk- und Handlungsstrukturen bei allen Beteiligten um so eher vorankommen, je ernsthafter das Konzept der nachhaltigen Entwicklung zeitlich parallel in verschiedenen Politikbereichen aufgenommen und verwirklicht wird. Die Lehr- und Lernprozesse sollten verstärkt mit politischen Meinungsbildungs- und Entscheidungsprozessen, aber auch mit dem permanenten Zuwachs neuer wissenschaftlicher Erkenntnisse verbunden werden. Es ist in diesem Zusammenhang wichtig, sich die Chancen, aber auch die Grenzen pädagogischer Bemühungen deutlich zu machen.

Ein Rahmen für die Entwicklung von Unterrichtsvorhaben zum Thema Ernährung

Ziele zukunftsfähiger Ernährung

Die Schülerinnen und Schüler sollen erkennen, welche Beziehungen zwischen ihrem Ernährungsverhalten und gesundheitsbezogenen Auswirkungen als auch globalen Prozessen (ökonomisch, ökologisch und sozial) bestehen. Sie sollen aus dieser Erkenntnis Hilfen und Handlungsanweisungen für eine zukunftsfähige Gestaltung ihrer Ernährung gewinnen. Wichtig ist zum einen: Es gibt nicht den einen „richtigen" zukunftsfähigen Ernährungsstil. Wichtig ist zum anderen aber auch: Nicht der Einzelne ist allein verantwortlich, sondern verschiedene Akteure (Politik, Landwirtschaft, Industrie, Handel, Außer-Haus-Anbieter, Verbraucherorganisationen, Krankenkassen, Bildungseinrichtungen etc.) leisten verschiedene Beiträge und stoßen dadurch gesellschaftliche Veränderungen an. Sie erleichtern und fördern letztlich individuelle Veränderungen.
Zukunftsfähige Ernährung ist zugleich umweltverträglich und gesundheitsfördernd. Entsprechende Angebote sind alltagsadäquat gestaltet und ermöglich soziokulturelle Vielfalt. Dies bedeutet:

- Die Vermeidung von Umweltbelastungen und Risiken durch die Erzeugung, die Verarbeitung und den Konsum von Lebensmitteln (Gewässer-, Boden- und Klimaschutz, Erhaltung der Biodiversität).

- Eine ausreichende Versorgung mit gesundheitsfördernden Lebensmitteln, die Vermeidung von Mangel- und Fehlernährung und die gesundheitsfördernde Gestaltung von Mahlzeiten.

- Zukunftsfähige Ernährung muss die Pluralisierung von Lebensstilen berücksichtigen und unterschiedliche Lebenslagen und Zugänge ermöglichen. Sie ist alltagsadäquat, d.h. sie lässt sich in die individuelle alltägliche Lebensführung einbinden.

Kriterien für die Themenauswahl

Ernährungssituationen sind vielfältig und aspektreich und so besteht eine Herausforderung darin, exemplarisch diese komplexen Realitäten und Zusammenhänge erfahrbar zu machen. Um Wahrnehmungen, Verhaltensalternativen und praktische Kenntnisse anzuregen und zu schulen, müssen diese, wo immer möglich, konkret einbezogen werden.

- Die Themen müssen für die eigenen Gemeinschaften, in denen man lebt, relevant sein, um die Anschlussfähigkeit an alltagsbezogene Ernährungsentscheidungen zu gewährleisten.
- Die Themen sollten von längerfristiger Bedeutung sein und umfassende Probleme oder dauerhafte Aufgaben abbilden.
- Es sollte eine gewisse Breite und Differenziertheit des Wissens über das Thema existieren, damit eine mehrperspektivische Bearbeitung möglich wird.
- Die Themen sollten Engagement und Solidarität ermöglichen, um Motivation und Identifikation mit den Inhalten zu fördern.
- Es sollten aussichtsreiche Handlungsmöglichkeiten und –alternativen vorhanden sein.

Ein Modell zur Konzeption von Unterrichtsvorhaben

Zur Unterstützung didaktischer Entscheidungen wird im Folgenden ein Modell entwickelt. Es orientiert sich an den Ansprüchen:

- vom Nahen zum Fernen,
- vom Individuum zur Gesellschaft,
- von der Wahrnehmung zur Partizipation.[2]

Die Komplexität unserer Ernährung wird im Folgenden durch fünf Fragestellungen schrittweise verdeutlicht.

1. Welche individuellen Handlungs- und Entscheidungsfelder mit Bezug zur Ernährung stehen zur Verfügung?

Auf diese Frage kann eine Vielzahl unterschiedlicher Bereiche angeboten werden, deren Gewichtung je nach individuellen Voraussetzungen, Bedürfnissen und Anforderungen variieren wird. Angefangen mit unseren Vorlieben, den Peergroups, den Kenntnissen und Fähigkeiten, unseren Bedürfnissen oder auch unseren finanziellen, zeitlichen oder räumlichen Möglichkeiten gibt es für jeden Menschen zahlreiche Handlungsbereiche, die Ernährung aktiv und verantwortungsvoll zu gestalten.

Die Kernpunkte sind sowohl untereinander vernetzt, stehen aber auch in einem komplexen Zusammenhang mit globalen ökologischen und sozialen Prozessen. Fast immer sind Austauschprozesse und Wechselwirkungen mit unserer urban-industriellen, anthropogenen und

---

[2] Die Erarbeitung erfolgt in Anlehnung an einen ökologischen Problemrahmen, der von W. Buddensiek für den Lernbereich Arbeitslehre entwickelt wurde. Vgl. Buddensiek, W.: Arbeitslehre im Spannungsverhältnis von Ökonomie und Ökologie, in: arbeiten + lernen, Die Arbeitslehre 11 (1989), H. 62, S. 11-18

sozialen Umwelt notwendig (in der Abb. 2 durch verbindende Pfeile in beide Richtungen symbolisiert).

Abb. 1: Individuelle Handlungs- und Entscheidungsfelder mit Bezug zur Ernährung

Quelle: Eigene Darstellung

2. **Wie gestaltet sich die Einbindung in das nähere (Wohn-)Umfeld (urban-industrielles, anthropogenes System, soziale Bezüge), und welche Zusammenhänge und Wechselwirkungen bestehen jetzt und zukünftig mit weltweiten ökonomischen Strukturen und Abhängigkeiten, mit weltweiten sozialen Ungerechtigkeiten, mit weltweiten kulturellen Besonderheiten?**

Unsere individuellen ernährungsbezogenen Handlungen stehen in einem Beziehungsgeflecht sowohl mit unserem körperlichen Wohlbefinden als auch mit dem nahen (Wohn-)Umwelt, mit anderen Orten und Städten, anderen Regionen, Ländern und Kontinenten. Oftmals gibt es einen direkten Zusammenhang mit globalen umwelt- und entwicklungsrelevanten Fragestellungen, ohne dass wir uns darüber in jedem Fall bewusst sind. Unser eigenes Ernährungsverhalten hängt mit der wirtschaftlichen und ökologischen Lage in anderen Ländern der Welt, aber auch bei uns, zusammen.

Abb. 2: Gesellschaftliche Einbindung

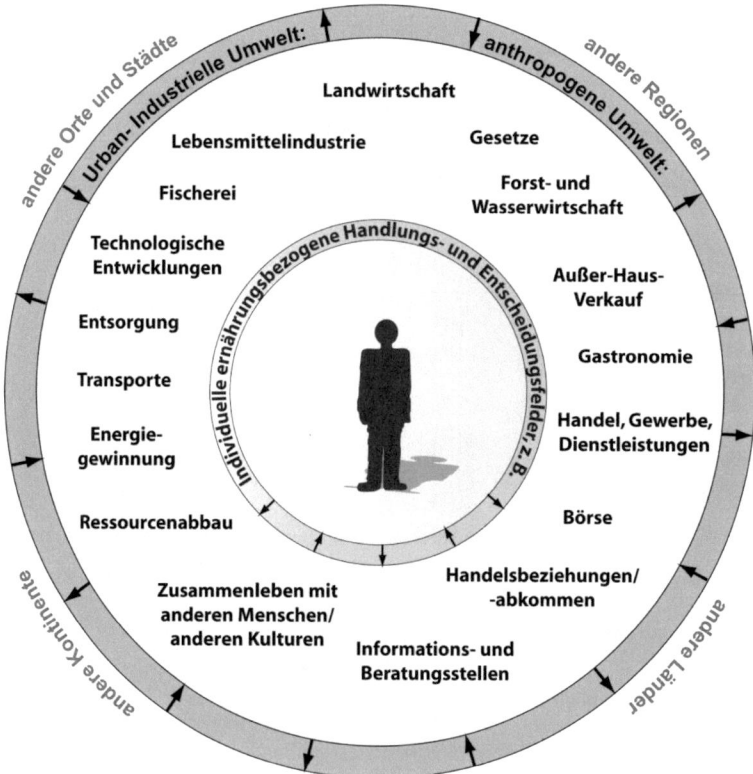

Quelle: Eigene Darstellung

3. **Welche Zusammenhänge und Interdependenzen bestehen jetzt und zukünftig mit ökologischen Faktoren (Klima, Luft, Wasser, Boden, Pflanzen, Tiere)?**
Die im verwendeten Denkmodell bisher bezeichneten Systemebenen sind unmittelbar einge-ordnet in die primären und fundamentalen menschlichen Lebensgrundlagen (Boden, Was-ser, Luft, Klima) und stehen im Zusammenhang mit weiteren ökologischen Faktoren (z.B. Biodiversität, Regenerationsfähigkeit, Zeitrhythmen). Gerät eine dieser Größen heute oder in der Zukunft an die Grenzen ihrer Belastbarkeit, so bleibt dies nicht ohne schwerwiegende Auswirkungen auf das Gesamtsystem. Die Abb. 3 zeigt in Beispielen schematisch die heuti-ge symptomatische Situation, wobei die Beeinträchtigungen früher oder später direkt oder indirekt auf den Menschen zurückwirken.

Abb. 3 Abhängigkeit von den natürlichen Lebensgrundlagen

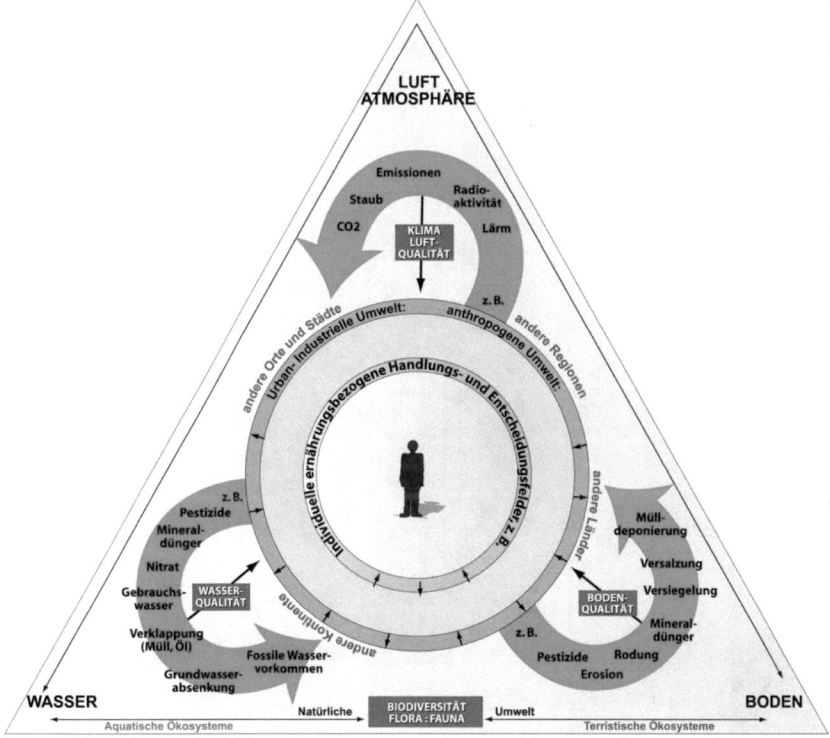

Quelle: Eigene Darstellung

4. Wer bietet Orientierung für Einflussnahmen und Handlungsalternativen? Wo gibt es Möglichkeiten zur gestaltenden Partizipation?

Die Frage beinhaltet zwei Teilaspekte. Einerseits wird danach gefragt, wer eine Mitverantwortung an der problematischen Situation hinsichtlich gesundheits-, umwelt- und entwicklungsbezogener Ernährungsfragen trägt. Zum anderen werden gesellschaftliche Kräfte/Gruppen gesucht, die einen Beitrag zur Orientierung und Einflussnahme mit Blick auf einen zukunftsfähigen Ernährungsstil bieten können. Die Auflistung denkbarer gesellschaftlicher Gruppen im inneren Ring der Abbildung 4 erhebt keinen Anspruch auf Vollständigkeit und sagt noch nichts über die tatsächliche Wirksamkeit einer möglichen Einflussnahme aus, sie soll jedoch einen Impuls für eigene Überlegungen geben.

5. Was prägt unsere individuellen und gesellschaftlichen Handlungsweisen?

Die letzte Frage berührt die Art und Weise unseres Denkens und die Qualität unseres Handelns. Es sind die Normen, Wertvorstellungen und Weltbilder gesellschaftlicher Gruppen und Individuen, die die politischen, ökonomischen und technischen Entscheidungen, letztlich unsere alltäglichen Handlungsabläufe und Wahrnehmungen (nicht nur in Bezug zur Ernährung) prägen. Diese Hintergründe werden auch über schulische Prozesse vermittelt bzw. in Frage gestellt. Die Abbildung 4 zeigt in einer Gesamtsicht das vollständige Denkmodell.

Abb. 4: Gesamtsicht

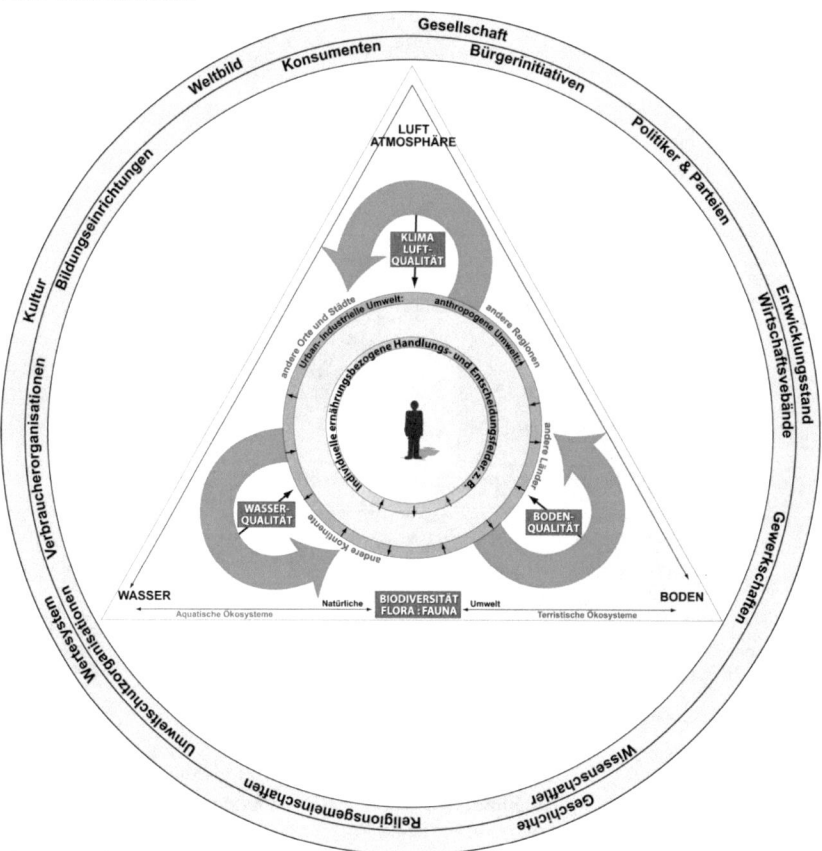

Quelle: Eigene Darstellung

Dieses Modell liefert die Basis für ein fachübergreifendes, problem- und handlungsorientiertes Konzept für Lehr- und Lernprozesse im Kontext der Bildung für nachhaltige Entwicklung, hier fokussiert auf das Thema Ernährung. Der Komplexitätsgrad der Betrachtung nimmt permanent zu. Im Unterricht kann kein Thema in der gesamten Breite behandelt werden; dennoch sollten die fünf Ebenen der Leitfragen vertreten sein. Es sind also jeweils begrenzte überschaubare Abschnitte herauszuarbeiten, die jedoch das ganze Komplexitätsspektrum widerspiegeln sollen. Buddensiek spricht in diesem Zusammenhang von „Didaktischen Segmenten".[3] Die didaktischen Segmente werden als solche Problem- und Handlungssituationen charakterisiert, die exemplarisch alle Frageebenen repräsentieren und untereinander in einen Zusammenhang stellen. Sie sind nicht mehr im Rahmen enger fachspezifischer Grenzen zu bearbeiten; sie beanspruchen ein interdisziplinäres Unterrichtsverständnis. Nicht alle Themen werden die verschiedenen Ebenen der Leitfragen in gleichem Umfang berücksichtigen können – je nach gewähltem Ausgangspunkt treten Differenzierungen in der Gewichtung zutage. Entscheidend ist jedoch, dass das gesamte Komplexitätsmuster erhalten bleibt und Themen und Inhalte für den Unterricht alle Ebenen des entwickelten Modells widerspiegeln.

Literatur und Internetquellen (Stand September 2010)

BLK: Bildung für eine nachhaltige Entwicklung. Orientierungsrahmen, Bonn 1998
URL: http://www.blk-bonn.de/papers/heft69.pdf

BLK, Ausschuss „Bildungsplanung": Bericht der Projektgruppe „Innovationen im Bildungswesen" zum Orientierungsrahmen „Bildung für eine nachhaltige Entwicklung", Bericht an die Regierungschefs von Bund und Ländern, 27. September 2001

Botkin, J.; W; Elmandjra, M.; Malitza, M.: Das menschliche Dilemma. Zukunft und Lernen. Wien, München, Zürich, Innsbruck: Verlag Fritz Molden, 1979

Buddensiek, W.: Arbeitslehre im Spannungsverhältnis von Ökonomie und Ökologie, in: arbeiten + lernen, Die Arbeitslehre 11 (1989), H. 62

BUND/Misereor (Hg.): Zukunftsfähiges Deutschland - Ein Beitrag zu einer global nachhaltigen Entwicklung, Basel: Birkhäuser Verlag AG, 1996

Bundesministerium für Umwelt, Naturschutz und Reaktorsicherheit: Konferenz der Vereinten Nationen für Umwelt und Entwicklung im Juni 1992 in Rio de Janeiro - Agenda 21, Bonn 1992

Bundesministerium für wirtschaftliche Zusammenarbeit und Entwicklung u.a. (Hg.): Orientierungsrahmen für den Lernbereich Globale Entwicklung, Berlin und Bonn, 2007

Fehnker, U.: Bildung für nachhaltige Entwicklung. Ein Beitrag zur Weiterentwicklung der Fachdidaktik Biologie und der curricularen Praxis des Biologieunterrichts. Studie im Rahmen des Forschungsprojektes: Bildung für nachhaltige Entwicklung als Leitgedanke für eine Neuorientierung der biologischen Bildung, Universität Bremen, Fachdidaktik Biologie, 2001 – 2005

de Haan, G.: Kompetent für die Gestaltung der Zukunft, in: Politische Ökologie, Sonderheft 12: Schnittmenge Mensch, München: ökom Verlag, März 2000

de Haan, G. Harenberg, D.: Bildung für eine nachhaltige Entwicklung. Materialien zur Bildungsplanung und Forschungsförderung, Heft 72, Bonn: BLK, 1999

Jüdes, U. (Hg..): Nachhaltigkeit. Themenheft der Zeitschrift Unterricht Biologie, H. 261 (25.Jg.) 2001

Kyburz-Graber, R.; Halder, U. u.a.: Umweltbildung im 20. Jahrhundert, Münster, New York, München, Berlin: Waxmann, 2001

Mettler-von Meibom, B.; Kaltenborn, O.: Lebensstilforschung zwischen Konsumorientierung und Nachhaltigkeitspostulat, in: Biermann, F.; Büttner, S.; Helm, C. (Hg.): Zukunftsfähige Entwicklung. Herausforderungen an Wissenschaft und Politik, Berlin: Ed. Sigma, 1997, S. 156 - 168

---

[3] Vgl. Buddensiek, W.: Arbeitslehre im Spannungsverhältnis von Ökonomie und Ökologie, in: arbeiten + lernen, Die Arbeitslehre 11 (1989), H. 62

Sachs, W.: Die vier E's, in: Politische Ökologie, Special: Lebensstil oder Stilleben, Sept./Okt. 1993

Ständige Konferenz der Kultusminister der Länder in der Bundesrepublik Deutschland und die Deutsche UNESCO-Kommission: Empfehlungen zur „Bildung für nachhaltige Entwicklung in der Schule" vom 15.06.2007